自然秘境大图鉴

猫科动物

[意]弗朗切斯科·托马西内利／著
[越]源希希／绘　申倩／译　罗静／审校

中国出版集团　现代出版社

猫科动物

目录

第1章

认识
猫科动物　6

捕猎机器　8
致命的武器　10
猫科动物的分类　12
猫科动物的视觉　14
猫科动物的嗅觉和味觉　16
猫科动物的感官：触觉和听觉　18
社交生活　20
生存空间　22
每个物种都有自己的空间：非洲大草原　24
每个物种都有自己的空间：亚马孙·雨林　26
追踪猫科动物的足迹　28
有濒临天绝的危险吗？　30

第2章

猫科动物的
祖先　32

寻找最初的捕食者　34
剑齿虎　36
远古的猫科动物　38
一个时代的终结　40

第3章

大型
猫科动物　42

狮子　44
猫科动物中的王者　44
紧密的家庭生活　46
追逐水牛　48
团结就是力量　50
优胜劣汰　52
特别的狮子　54

虎　56
亚洲的大型狩猎者　56
西伯利亚虎　58
虎的条纹　60
掌控森林　62
抚养长大　64

花豹　66
袭击大师　66
黑豹　68
藏身的艺术　70
独来独往的捕猎者　72
勇敢的母亲　74

美洲豹　76
沼泽地上的斗士　76
在河中来去自如的猫科动物　78
凯门鳄猎手　80
带领幼豹捕猎　82

雪豹　84
喜马拉雅山上的潜行者　84
岩石山坡上的生活　86

第4章

小型
猫科动物 88

猎豹 90
不断奔跑的一生 90
快速 92
极致付出的代价 94
家庭生活 96

美洲狮 98
一年四季活动的猫科动物 98
田径冠军 100
细腰猫 102

云豹 104
森林中的幽灵 104
伏击和致命的犬齿 106

短尾猫 108

加拿大猞猁和伊比利亚猞猁 110

欧亚猞猁 112

狞猫 114

非洲金猫 116

薮猫 118

虎猫 120

长尾虎猫 122

小斑虎猫和乔氏虎猫 124

南美林虎猫、南美草原虎猫、
安第斯山虎猫 126

亚洲金猫和纹猫 128

渔猫和扁头豹猫 130

豹猫和锈斑豹猫 132

野猫 134

兔狲和丛林猫 136

黑足猫、荒漠猫和沙丘猫 138

大小和图标

本书中介绍的猫科动物都有中文名称、学名和大小等信息。为了便于理解它们的大小，特添加身高180厘米的男性剪影与动物剪影作对照。动物信息中最后一行标注的是其濒危等级，描述了该物种目前的生存状态和濒危程度。详情请参见第31页。

第1章

认识

猫科动物

无论虎还是猫都堪称卓越的捕食者。漫长的进化赋予了这些食肉动物特殊的身体构造——伸缩自如的趾甲、可以夜视的眼睛、尖牙和敏捷的身姿，这些都使得猫科动物与众不同。

雪豹
（ *Panthera uncia* ）

捕猎机器

　　一想到捕食者，我们的脑海中便会立刻浮现出狮子、虎这样的大型猫科动物。与其他哺乳动物相比，猫科动物是如此擅长捕猎，以至于在人类文明中它们也是力量的象征。事实上，猫科动物身体的每个部位都进化成了伏击和猎杀其他动物的有效工具。

> **猫科动物**
> 　　猫科动物是指猫科家族中的所有动物，包括猫亚科和豹亚科两个分支。猫亚科动物一般体形较小，而豹亚科动物的体形则相对较大。

柔韧的脊椎有助于快速奔跑并在落地时抵缓冲击力。

皮毛上的花纹有助于隐藏在栖息地的环境之中。

尾巴能在跳跃和转弯时保持平衡，同时也用于和同类沟通。

腿部肌肉发达，能够快速跃起和加速。

	食性	捕猎技巧	生活习性
猫科动物	纯肉食性动物	擅长短跑和伏击，趾甲大都能自如伸缩，牙齿结构特殊	大部分独居
犬科动物	肉食性动物，但也适应了吃其他食物	趾甲不能伸缩	大部分群居
熊科动物	杂食性动物	擅长短跑和伏击，趾甲不能伸缩	独居

猫科动物的感官系统在哺乳动物中是最敏锐的，它们拥有极佳的视觉、听觉和嗅觉。

牙齿非常有特点，犬齿大而锋利。

趾甲尖利，能自如伸缩。既便于紧紧抓住猎物，也便于攀缘爬树。

食肉动物

猫科动物是食肉目下约40种动物的统称。食肉目中还包括犬科和熊科等强大的掠食者，但猫科动物仍可谓是其中最擅长捕猎的族群。

致命的武器

猫科动物不吃植物，它们依靠猎杀其他动物获取食物（或者寻找动物的尸体）。虽然追逐和猎杀时要依靠矫健而敏捷的身体，但是猫科动物最厉害的武器还是发达的犬齿和伸缩自如的趾甲。

可伸缩的武器

所有猫科动物都长有能牢牢抓住猎物的爪子。与犬科和熊科动物不同，猫科动物的趾甲通常可以自由伸出或缩回鞘内，这样就不会伤到自己。敏感的掌垫可以确保走路时不发出声响。在所有猫科动物中，只有猎豹的趾甲不能完全缩回鞘内。

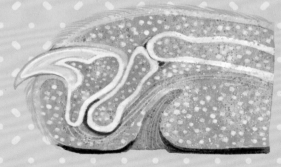 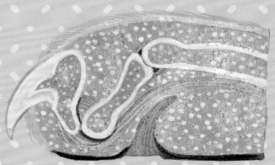

猫科动物中狮子和虎的爪子是最大的，其长度大约有7厘米，想象一下，这样的利爪会对猎物造成多大的伤害！

当狮子吼叫或打哈欠时，会露出巨大而锋利的犬齿，通常这也是它们唯一能被清晰看到的牙齿。

▶▶

牙齿的功能

　　猫科动物的牙齿非常特别。犬齿巨大，最长可达7厘米，用于攻击和撕咬猎物。臼齿存在明显差异，其作用是切碎食物、帮助吞咽。臼齿的工作方式类似于剪刀的刀片。门牙位于犬齿之间，较小且不易被察觉。

猫科动物的分类

　　猫科动物的分类会根据动物学家发表的最新研究成果不断地更新。该分类主要用于划分大型猫科动物和小型猫科动物，分类标准并非一成不变，因为很难将大或小精确地划定在某一点上。本书使用最新、最权威的方式进行划分。

大型猫科动物

　　大型猫科动物属于豹亚科，包括虎、狮子、美洲豹、花豹和雪豹。一些文献也将美洲狮、猎豹和两种云豹归于此类，同时去除了雪豹。

美洲豹

虎

狮子

美洲狮

小型猫科动物

　　小型猫科动物属于猫亚科中的其他类别，分类相当复杂，包含30余种不同的猫科动物。它们的体形不一，既有重达80千克的美洲狮，也有体重不足1千克的锈斑豹猫。

黑足猫

加拿大猞猁

猫科动物的视觉

　　许多猫科动物喜欢在黑暗中捕猎，出色的夜视能力使得它们能更加靠近猎物。它们的眼睛里有大量视杆细胞，能够灵敏地感知微弱的光线。花豹和豹猫是夜间最活跃的猫科动物，它们眼睛里的视杆细胞也是最多的。细心的人或许已经注意到了，当手电筒或汽车车灯照射到暗处的猫科动物时，它们的眼睛会反光发亮，家猫当然也不例外。这是因为猫科动物的眼睛里有个"反光镜"——视网膜后面的一层反光薄膜，这层薄膜能够增加视网膜捕捉的光线量。羚羊、夜行性鸟类、鳄鱼、蜘蛛等其他动物的眼睛也有类似的结构。.

　　因为拥有大量视杆细胞和反光薄膜，使得猫科动物的夜视能力比人类高出很多。实验证明，它们在黑暗中的视力至少比人类强6倍（相当于给人戴上夜视镜）。猫科动物依靠减少眼睛里感知颜色的视锥细胞，为众多视杆细胞腾出空间，这也直接导致了它们对红色、绿色和远距离的物体的视觉都不太敏感。

猫科动物都属于双眼视野动物，也就是说，它们一只眼睛的视野范围与另一只广泛重合（就像人类一样），这有助于精准判断并感知距离。

这是美洲狮（*Puma concolor*）的头部特写，大大的眼睛非常适合夜间活动。

猫科动物的嗅觉和味觉

猫科动物不仅视觉比人类好很多，嗅觉也同样出色，只是在嗅探方面不及狗优秀。猫科动物的鼻腔受头骨保护，其表面布满褶皱，包含2亿个嗅觉细胞，能分辨空气中的各种气味。与之相比，人类的嗅觉细胞就要少很多，只有500万个。

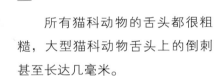

所有猫科动物的舌头都很粗糙，大型猫科动物舌头上的倒刺甚至长达几毫米。

舌头的用途

猫科动物的舌头表面就像砂纸一样粗糙。舌头上的倒刺有助于刮掉骨头上的肉。同时，还是理想的饮水和清洁工具，可以像刷子一样捋顺皮毛。

饮食

　　我们知道猫科动物只吃肉，它们的消化系统很难消化其他食物。许多猫科动物都能消化稍微变质的肉，但腐烂的肉对它们来说不啻为毒药。猫科动物敏锐的嗅觉能够极大地帮助它们分辨什么可以吃，什么最好不要吃。猫对甜味食物并不敏感，它们不需要甜味食物，所以它们不吃果实和含糖的植物分泌物。

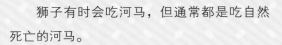

　　狮子有时会吃河马，但通常都是吃自然死亡的河马。

猫科动物的感官：触觉和听觉

　　猫科动物是夜间活动频繁的动物，感知细微声响和四周空间对于它们来说至关重要。所有的猫科动物都进化出了远超人类的敏锐感官。猫科动物的感官能力因物种不同而有高有低，称那些感官能力超群的物种为真正的冠军一点也不为过。

▶▶

　　猫科动物面部的胡须被称为触须，触须是非常敏感的毛发。

如探测器般警觉的薮猫

　　良好的听力有利于捕获躲在高草丛中的猎物，例如老鼠和蚱蜢。薮猫的捕猎方式很特别，它靠不断移动位置定位声音来源。当获取足够多的信息之后，它才纵身一跃捕获猎物。

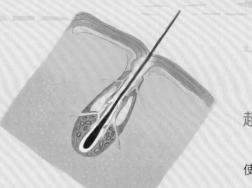

超敏感的触须

豹猫是优秀的夜间捕猎者，触觉对它来说十分重要。即使在弱光条件下，它仍然可以悄无声息地一步一步靠近并一口咬住猎物。豹猫能够精准定位猎物要归功于它鼻子周围和脸颊上的长毛——触须。与其他动物相比，豹猫的触须更浓密也更长，触须就像传感器，能在接触物体和气流时，为它提供准确的讯息。

触须深入皮肤深层，与神经系统相连，可以向动物传递即时信号。

宁静的夜幕中，一只薮猫感知到数米之外的一只蚂蚱正在移动。

薮猫爪子下面的长毛非常敏感，可以帮助它精准行动。

社交生活

除了狮子和一些家猫之外，几乎所有的猫科动物都是独居动物。这意味着它们不喜欢与同类来往，只有到了繁殖期它们才会聚在一起。母兽总是对幼兽照顾有加，在幼兽出生的第一年与之形影不离。

浪漫的时刻

雌虎发情时，会散发出一种化学气味，让雄虎感知到。雄虎追随雌虎数日，一旦完成交配就立刻分道扬镳：雄虎继续在自己的地盘上巡逻并驱赶其他雄性，顺便寻找下一只发情的雌虎进行交配；雌虎则继续独居生活，直到分娩。幼虎出生后，雌虎会独立抚养它们。

与雄虎相比，雌虎体形更小、体重也略轻一些。

！

猫科动物的尾巴和耳后斑大多具有相同的功能，即指引在高草丛中行走的幼崽儿分辨并跟随母兽。

生产是一项全职工作

大多数雌性猫科动物会在交配后3个月生产，一胎能生2只或3只幼崽儿。图中的母狞猫要给幼崽儿喂3个月奶，一直在幼崽儿周围照看它们，并将食物带给它们。照顾幼崽儿是很有挑战性的工作，在幼崽儿独立之前，母狞猫要足足照顾它们一整年。

生存空间

　　每只猫科动物都需要一定的生存空间用于捕猎和寻找伴侣。动物定期巡逻和防御竞争对手的区域被称为领地。同一物种的不同个体，其领地大小可能差别很大：一只生活在稀树草原上的花豹，它的领地大约有10平方千米；而另一只经常出没于半沙漠岩石地区的花豹，它的领地是前者的50倍以上。

　　所有猫科动物都会在领地上做标记，例如图中这只野猫，它正在特定的且容易被发现的大树下撒尿。它的同类可以通过这一气味信号识别它。

捕食者与众多猎物

　　在拥有众多食草动物的稀树草原上，狮群占据的领地极大，通常横跨数十平方千米。狮群不仅在领地内狩猎，还会努力驱赶竞争者。落单的雌狮很受雄狮欢迎，因为它们可以共同孕育后代。

当食草动物在狮群的领地内迁徙时，狮子们会根据自身需要和恰好出现的抓捕时机猎杀它们。

为了保持生态系统稳定平衡，猎物的数量必须大于捕猎者，这一点需要牢记。以非洲大草原为例，一只花豹对应的食草动物高达数百只，包括黑斑羚、瞪羚和其他小型羚羊、猴子及大型鸟类。

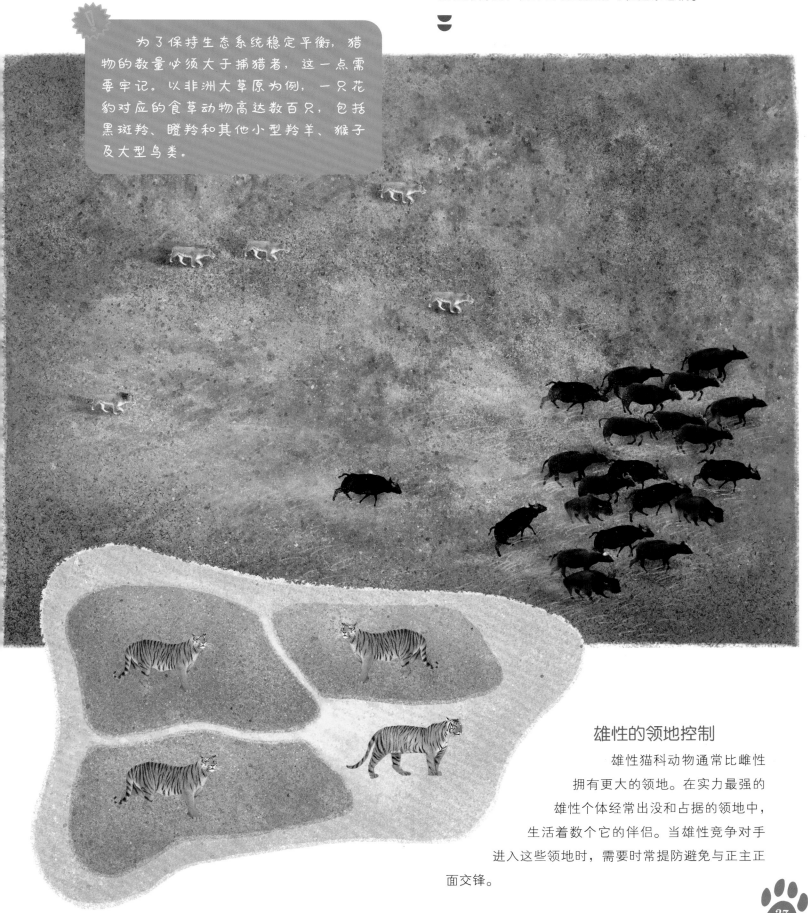

雄性的领地控制

雄性猫科动物通常比雌性拥有更大的领地。在实力最强的雄性个体经常出没和占据的领地中，生活着数个它的伴侣。当雄性竞争对手进入这些领地时，需要时常提防避免与正主正面交锋。

每个物种都有自己的空间：非洲大草原

地球上没有哪个地方的大型食肉动物密度比非洲东部和南部的稀树草原更高。广袤的草原养育了食肉动物的猎物——数量众多的大型食草动物。在草原上，猫科动物位居食物链顶端，多种猫科动物生活在一起，通过"分工"减少相互之间的竞争。

猎豹

高速追逐的顶尖高手，通常在白天活动，以避免同其他大型猫科动物正面竞争。

狮子

非洲草原无所不能的统治者，经常成群结队地狩猎。除犀牛和成年大象以外，狮群对其他动物来说都是致命的威胁。

花豹

夜间的独行侠，喜欢
伏击羚羊，经常埋伏在树
木和岩石旁。

狞猫

擅长跳跃，主要捕
食小型哺乳动物和鸟类，
不论白天还是夜间都会
出来活动。

野猫

擅长隐蔽，适应性强。以啮齿
动物、爬行动物和鸟类为食，以此
来避免与大型捕食者竞争。

每个物种都有自己的空间：亚马孙雨林

热带雨林并不像草原那样栖息着众多食草动物，如南美洲的亚马孙雨林。这里的猫科动物数量众多，它们学会了在灌木丛或高耸的参天大树上捕捉各种动物，从昆虫到鹿，不一而足。

豹猫

长得像小型美洲豹，多在晚上活动，在地面和低矮的树枝间捕食猎物。

美洲狮

美洲狮通常栖息在热带雨林外面的各种环境中，但它们也经常进入热带雨林捕猎，主要猎食哺乳动物。

细腰猫

白天或晨昏活动，它们经常在雨林的灌木丛中搜寻小型哺乳动物。

长尾虎猫

　　长尾虎猫可谓是真正的杂技演员，它一生中的大部分时间都待在树上，以伏击小型动物为生。

美洲豹

　　森林里的大型捕食者，捕食所有遇到的猎物，从大型哺乳动物到凯门鳄。

追踪猫科动物的足迹

除了狮子和猎豹这类生活在开阔地的大型猫科动物之外，对其他猫科动物的研究都相对复杂。即使在最适宜的环境中，这些猫科动物的数量也不会太多，而且它们十分擅长避开人类，不引起人们的注意。这样一来就使得追踪猫科动物的科学家需要使用最新技术来收集与其生活方式相关的信息。

藏在哪里？

项圈定位是研究猫科动物最常用的技术。项圈定位器的主体是带GPS的防水盒，内置一个手机大小的发射器，能向研究人员发射研究对象的位置。这样一来，研究人员就能连续几个月（直到项圈定位器的电池耗尽）追寻到美洲豹这类猫科动物的行踪，进而揭示该物种的诸多秘密。

> 要想在这些猛兽身上安装项圈定位器，必须使用麻醉枪将镇静剂注入它们体内，让它们昏睡过去。

为了最大限度发挥相机的作用，必须把它放置在适当的地方。研究人员有时会将相机放在动物的尸体旁边，或者一块动物经常用来标记领地的岩石上。

不用摄影师的照相机

即使不给猫科动物戴GPS项圈，我们也能使用照相机收集它们的大量信息，例如图中这只雪豹。一般摄像机或当动物经过时自动激活传感器的特殊摄像机都是研究人员的好帮手。这些工具能捕捉并记录附近出没的动物身影及它们移动的路线。

利用排泄物研究猫科动物并不是新奇的事。收集少量排泄物送到实验室，从中获取动物的DNA。这样就能知道哪些猫科动物在此地出没，甚至还能识别出是哪个个体。

有濒临灭绝的危险吗？

猫科动物作为中型到大型捕食者，会对其栖息地产生重要的影响。当它们与人类接触频繁时，免不了攻击农场动物（小到鸡，大到牛），极少数情况下甚至会攻击人。20世纪，由于栖息地被破坏、自然猎物消失，野生猫科动物的数量直线下降。更糟糕的是，人类为了获取皮毛无情地捕杀它们，还将它们的尸体作为战利品加以装饰，以此来防止它们攻击农场动物。

一个完全属于它们的空间

像虎这样的大型猫科动物需要在广阔的保护区内生活，那里人迹罕至，并有丰富的自然猎物。为了保护这些动物，建立大型自然公园必不可少，园区里禁止打猎，所有人类活动都要受到严格控制。

旅行的益处

　　游客前往自然公园看动物、给它们拍照，有利于那里的动物更好地生存。
游客在公园的花费会被用在维持园区运行、保护动物栖息地完整上。例如，
雇用边界巡警防范偷猎和盗猎行为。

《红色名录》

　　世界自然保护联盟（IUCN），致力于评估地球上动植物的濒危状况，并定期更新《红色名录》。我们可以通过该名录了解各种猫科动物所处的被保护状态。后文介绍个别猫科动物时，也参考了这一点。

	濒危等级※	划分标准
CR	极危	当某一物种数量将在10年内下降90%，或栖息地面积缩小到100平方千米以下，或可繁殖种群数量降低到250只以下时，即为极危
EN	濒危	当某一物种数量将在10年内下降70%，或栖息地面积缩小到5000平方千米以下，或可繁殖种群数量降低到2500只以下时，即为濒危
VU	易危	当某一物种数量将在10年内下降50%，或栖息地面积缩小到20000平方千米以下，或可繁殖种群数量降低到10000只以下时，即为易危
NT	近危	当某一物种未达到上述3种标准，但是在未来一段时间后，接近或可能符合受威胁等级，则将该分类单元列为近危
LC	无危	种类繁多、分布广泛，种群健康

※ 2022年7月更新的《红色名录》（15.1版），对"极危""濒危""易危"的划分标准做了
更详细的阐述，本书仅引用关键部分供读者参考，完整版《红色名录》参见IUCN官方网站。

第 2 章

猫科动物的祖先

现存的猫科动物，其祖先中有一些令人印象深刻的捕食者曾出现在地球上。例如，犬齿长如厨刀的剑齿虎。

致命刃齿虎
（*Smilodon fatalis*）

寻找最初的捕食者

猫科动物已经在地球上生存了3000万年。它们的祖先是小型肉食性哺乳动物，我们如今熟知的这一科很可能源自一个单一的远古祖先——始猫，其出现的时间远远早于人类。

祖先

始猫略大于家猫，它可能是所有猫科动物的祖先。尽管它的外形与当代物种相似，但其牙齿的发育却欠特异性：它仍长有类似犬类的大臼齿。始猫活跃在欧洲大部分地区的森林中，在此找到的化石显示其生存时代在3000万到2500万年前。

猫科动物的大进化

在2000万到1500万年前，猫科动物进化出两个主要分支：一个是我们熟知的现代猫科动物，例如狮子、猫和美洲狮；另一个是剑齿虎亚科（即长着巨大牙齿的猫科动物），最具代表性的便是"剑齿虎"。后者一度取得了巨大的成功，遍布于世界各大洲，成为有史以来最令人印象深刻的猫科动物。但遗憾的是剑齿虎在距今约1万年前灭绝了，那时人类已经遍布地球大洲。

现代猫科动物

剑齿虎

猫科动物的祖先——始猫

尽管剑齿虎的名字中有一个"虎"字，但它跟虎的关系并不近。现代虎是家猫的近亲。

剑齿虎是剑齿虎亚科的代表性动物。从它的名字就能看出其特征是具有外露的犬齿，且比现代猫科动物的犬齿大得多。

剑齿虎

　　这类身形巨大、长相可怕的肉食性猫科动物大约是在1500万年前出现的。长如厨刀的醒目犬齿使剑齿虎成为强大的捕食者，它几乎统治了其生存时代的所有动物。

　　剑齿虎的扑咬会对猎物造成严重且致命的伤害。

　　剑齿虎先用强有力的前腿将猎物压倒在地，然后将长达20厘米的犬齿刺入猎物的要害。

一个特殊的头骨

当我们观察剑齿虎的头骨和外露的超大犬齿时，会误以为这个捕食者无法张大嘴咬住猎物。实际上，剑齿虎的下巴可以张开约120度，是现代猫科动物的两倍。剑齿虎因此可以在猎物身上造成致命的伤口，使其迅速死亡。剑齿虎的咬合力虽然不如虎或狮子，但它可以用颈部发达的肌肉带动犬齿向下划开伤口，扩大伤口的面积。

"" 剑齿虎利用植被做掩护，悄悄地靠近猎物，在最后一刻一跃而起扑咬猎物。

"" 剑齿虎的理想猎物是大型动物，例如图中这只强壮但仍无法逃脱剑齿虎猎杀的貘。

⭐记录！剑齿虎拥有有史以来猫科动物中最大的牙齿，长达20厘米。

远古的猫科动物

剑齿虎并不是唯一在远古时期活跃的猫科动物，与之并存的还有现代猫科动物的祖先：一种身体结构与现代狮子相似，但个别体形比现代狮子大很多的猫科动物。

美洲也曾有狮子

大约1万年前，北美洲的大平原上还居住着一种体形巨大的狮子——美洲拟狮，个体体重可达400千克以上。美洲拟狮的外貌同我们现今在非洲草原上看到的狮子很像，其体形变得如此之大可能与居住在同一地区的剑齿虎竞争有关。在欧洲和亚洲也发现了非常相似的物种，即洞狮（*Panthera spelaea*）。

我们并不知道这一物种的鬃毛长什么样，这张图是加入了一些想象力后绘制的。

不同的进化途径

似剑齿虎比美洲剑齿虎更轻巧、更敏捷，这一物种从500万年前开始便与其他几种猫科动物共存于非洲、北美洲、欧洲和亚洲。似剑齿虎的犬齿虽然较之其他剑齿虎更短，但扁平而结实。一些似剑齿虎可能会成群结队地捕猎大型动物，例如年轻的猛犸象，并展开短距离的追逐。

与美洲剑齿虎相比，似剑齿虎的腿更细、更长，它也因此更善于奔跑。

一个时代的终结

  剑齿虎亚种在距今5万年前开始逐渐走向灭亡。我们目前还不清楚其原因，但很多研究者认为，多数大型食草动物在冰河时代末期消失，为体形更小、身体更灵活的哺乳动物让出了生存空间，同时增加了剑齿虎的捕食难度。这也使得现代的大型猫科动物逐渐替代剑齿虎，成为地球上的顶级掠食者。

现代大型猫科动物的祖先

  大型猫科动物进化史中十分重要的物种是雪豹的远祖——布氏豹（*Panthera blytheae*）。它是豹属中最古老的成员，所有豹属动物都是大型猫科动物。布氏豹生活在距今600万到500万年前的亚洲中部，比在非洲发现的现代狮子和花豹的祖先至少早200万年。人们只发现了布氏豹的头骨化石，其大小似乎比雪豹的头骨略小些。

袋剑齿虎的头骨很容易识别，因为其下颚骨上长有骨槽，可以保护大大的犬齿。

有趣的趋同进化

剑齿虎的大犬齿非常有用，以至于其他哺乳动物身上也出现了类似的器官，例如原始肉食性有袋动物。300多万年前生活在南美洲的袋剑齿虎（*Thylacosmilus atrox*）并非真正的猫科动物，但其身体结构和牙齿却与剑齿虎类似。这便是著名的趋同进化现象。为了捕食大型食草动物，不同物种的进化诉诸同样的解决方案——巨大的犬齿。

第 3 章

大型
猫科动物

狮子、虎、美洲豹、花豹和雪豹是这群捕食者的代表，它们代表了许多令人印象深刻、魅力十足的物种。它们都是豹属成员，而且都会吼叫。

虎（*Panthera tigris*）

43

狮子

猫科动物中的王者

　　狮子是所有大型猫科动物的象征，有趣的是，狮子也是猫科动物中唯一过群居生活的物种。一个狮群一般由1~3头雄狮、4~6头雌狮和一些幼狮组成。某些情况下，还会形成更大的狮群——20~30头狮子一起生活。狮子群居可能是因为这样一来就能在遍布掠食者的广阔草原上更好地生存下去。狮群不仅能保护食物，还可以保护幼狮免受竞争对手的伤害，更有助于捕获大型猎物。

狮子（*Panthera leo*）

体长： 雌性160~200厘米，雄性170~250厘米，尾长60~100厘米

体重： 雌性110~170千克，雄性150~270千克

分布范围： 非洲和亚洲（仅栖息在印度境内的一小片区域里）

濒危等级（IUCN）： 易危

兄弟俩

　　雌狮是狮群的核心，而成年雄狮随时可能被更强大的竞争对手赶下台。狮群里的雄性幼狮通常都是兄弟关系，它们会在2岁左右离开狮群，寻找自己的领地。它们要在大草原上进行数年的生存锻炼，在这段时间里，它们会变得越来越强壮，并对自己的力量充满信心。然后，它们便会尝试赶走一个狮群的老头领，取而代之统治狮群。

雌狮同盟

一头雌狮一胎会产下3~4只幼狮，哺乳期长达8个月。狮群会时刻保护幼狮，以免它们受到花豹、鬣狗、鹰之类掠食者的攻击。未生崽儿的雌狮也会帮忙照料其他雌狮生的幼狮。事实上，雌狮不仅会喂养自己的孩子，也会喂养狮群中其他雌狮的幼狮。

在理想环境下，雄狮的吼叫声能传到5千米之外人类的耳朵里。

雄狮的鬃毛不仅可以吸引雌狮的注意，还能防止竞争对手咬伤或抓伤自己的头颈。雄狮要到三四岁才能长出漂亮的鬃毛，并非所有雄狮都长着浓密的鬃毛。

紧密的家庭生活

雄狮也可以是好爸爸。雌狮负责喂养和保护幼狮，雄狮会抽出一些空闲时间和幼狮嬉戏玩耍，这对雄狮的耐心是一种考验。狮群休息和集体活动占据了一天中的大部分时间。

刚出生的幼狮身上长有斑点，以便更好地隐藏在灌木丛中。它们中的许多个体会在出生后几个月内夭折。

幼狮在1岁半前非常依赖成年狮子，尤其是自己的母亲。

出生数月的幼狮十分好动，雄狮子的鬃毛和摆动的尾巴对它们来说具有很强的吸引力。

年轻的雄狮会在狮群里待到2岁左右，然后离开这里寻找新的狮群。

追逐水牛

在狮子的捕猎目标中，水牛是最危险的。水牛成群而居，数量众多，与食肉动物对抗时，其强有力的角就是危险的武器。要想捕获这些大型食草动物，需要团队协作，经常是数只雄狮一起行动。

敏捷的雌狮试图分散水牛的注意力，而狮群的其他成员则伺机包抄。

雄狮扑向水牛，试图用自己的 ◗◗
体重将水牛压倒在地。

成年水牛的体重可达800千克，是3头雄狮的体
重之和，很难对付。

团结就是力量

　　狮子知道如何成为多面捕猎者，它们可以捕捉从兔子大小到大象大小的所有猎物。狮子同虎一样，是体形巨大、力量强劲的猫科动物。不同之处在于，狮子是群体狩猎，依靠合作和相互帮助完成狩猎。

狮子的进食顺序能体现出狮群内的等级划分：成年雄狮优先享用猎物，然后是雌狮和幼狮。经常可以看到狮群为争夺猎物的某些部位而发生争斗。

　　只有一部分狮群，特别是成员众多且强大的狮群，才有能力猎杀大象。成年雄狮会将这种技能传授给年轻的狮子。

集体狩猎

在某些情况下，狮子会进行相当复杂的狩猎活动，例如在空旷的地方猎杀羚羊。一些狮子隐蔽在山谷和高草中，悄悄接近食草动物群，并将它们冲散。狮群的其他成员则从相反的方向追赶羚羊，逼迫它们跑向潜伏的狮子那里。

追逐大个子

狮子竟然可以捕杀大象。狮子通常选择夜间出击，因为出色的夜视能力是其优势。至少10头狮子一同接近年轻的大象，不断攻击它，迫使其脱离象群。一旦大象与同伴分开，数只强壮的雄狮就会试图爬上大象的臀部，迫使它的后腿弯曲向下。其他狮子趁机扑向大象，将其彻底压在地上。

一击毙命

为了能快速杀死健硕的斑马，狮子要扑倒它，并狠狠地咬住它的喉咙，令其迅速窒息。接着狮群开始分食猎物，它们通常先吃猎物的腹部和臀部。

优胜劣汰

当狮子的数量足够多时，它们就会成为整个非洲大草原的统治者，没有哪个掠食者敢挑战一头狮子。除了狮子，在非洲大草原上生活的其他食肉动物之间的竞争是十分激烈的，因为世界上任何其他地方的大型食肉动物都远不如非洲大草原上的那般密集。

永远的敌人

斑鬣狗通常和狮子生活在同一个地方，它们经常在远处观望，企图在狮子狩猎成功之际占些便宜。斑鬣狗的数量一旦多起来就会变得好斗，它们会不断骚扰狮子，伺机抢夺狮子的食物。狮子只要一有机会便会毫不留情地杀死斑鬣狗，而斑鬣狗也会袭击落单的狮子。它们是永远处于竞争状态、随时准备开战的两个物种。

斑鬣狗害怕雄狮，它们只有在数量占优势（数量达到12~15只）时，才会集体挑战一头狮子。

斑鬣狗并不仅仅是食腐动物，它们还是优秀的猎手。斑鬣狗能以50千米/小时的速度长距离奔跑，它们的咬合力强如狮子。不只斑鬣狗会吃掉狮子的残羹剩饭，相反的情况也会上演。

恃强凌弱的狮子

猎豹必须密切关注狮子。狮子比猎豹强壮得多，狮子会定期抢掠猎豹的食物，狮子对大草原上任何可能的竞争对手都毫不手软。一旦狮子（或是任何其他大型食肉动物，例如斑鬣狗或花豹）接近，猎豹就会立刻撤离。轻盈敏捷的身体使得猎豹无法在激烈的战斗中抗击对手，但可以使它们快速逃离并顺利脱身。

特别的狮子

几百年前狮子的分布范围要比今天广阔很多，在北美洲和中东地区都能找到它们的踪迹。如今，约有2万头狮子生活在非洲南部和东部，还有一小部分种群生活在印度，那里有着世界上唯一的亚洲狮狮群。

最近的研究表明，狮子是最聪明的猫科动物。它们通过观察同伴的行为来学习。也许是紧密的群居生活帮助它们发展出了这一技能。

印度吉尔的狮子

印度西部有一小块被农田包围的热带季风林，直至今日那里仍然幸存着亚洲狮种群。100多年前，亚洲狮分布在土耳其东部和中东大部分地区，但狩猎和自然猎物减少使得这些种群逐渐消失。吉尔森林的狮群也曾濒临灭绝，现如今该种群的数量已经有所恢复，大约有500头狮子。与非洲狮相比，亚洲狮体形更小，鬃毛颜色也更深、更稀疏，亚洲狮主要以鹿和野猪为食。

纳米布狮子

非洲大陆上最特别的狮子生活在非洲南部的沙漠之中。在纳米比亚沿海生活的这些猫科动物是依靠海滩上极少的水和古河床滋养的食草动物生存下来的。这几十头狮子的捕猎习惯非同寻常，它们会潜伏在沙丘中攻击在沙滩上休息的海狮。

虎

亚洲的大型狩猎者

虎是世界上最大的猫科动物之一，也是最迷人的猫科动物之一。虎周身布满的竖条纹，就如同狮子的鬃毛，使其成为人类的崇拜对象，尤其是在远古时代人类刚刚与之接触之时。与其他大部分猫科动物一样，虎喜欢独居生活，在白天捕获猎物。除了大象和成年犀牛，任何动物都经不起这种猎食者的攻击。

孟加拉虎栖息在印度的森林里，我们经常能看到它们的图片。孟加拉虎的毛发很短，没有东北虎和体积更小的苏门答腊虎那样明显的"胡须"。

西伯利亚虎或东北虎是体形最大的亚种，仅分布在亚洲东北部地区。它们的皮毛较厚，头部周围有明显的"胡须"。

适应四季的猫科动物

虎属于豹亚科动物，分布在亚洲的不同地区，它们过去的分布范围比现今要广阔得多。虎有多个亚种，可以通过其身体特征加以辨别。

对水的热情

虎生活在热带雨林和靠近沼泽、湖泊、大河的高草高原上。它们对水十分熟悉，不仅能在水中畅游，还能潜水，甚至带着猎物渡水。在炎热的日子里，它们会在水中纳凉。

虎（*Panthera tigris*）

体长：雌性140~180厘米，雄性190~300厘米，尾长70~110厘米

体重：雌性80~170千克，雄性100~270千克

分布范围：亚洲

濒危等级（IUCN）：濒危

西伯利亚虎

　　厚厚的皮毛使西伯利亚虎能在俄罗斯东部森林里安然过冬。一只成年西伯利亚虎每天需要进食9~10千克肉（它一顿最多能吃下30千克食物），因此它每周至少要捕食一只大猎物，才能满足身体需求。

　　梅花鹿是西伯利亚虎的主要猎物之一。梅花鹿的体重有40~50千克，足够一只成年虎享用好几天。

西伯利亚虎暗中接近梅花鹿，在距离猎物20多米的时候，猛地扑上去，一招致命。

★记录！西伯利亚虎可能是体形最大的猫科动物。记载显示，最大的成年雄性西伯利亚虎重达300千克。

厚厚的积雪使西伯利亚虎和它的猎物动作都慢下来。巨大的虎爪上覆盖着浓密的毛发便于在柔软的地面上移动。

虎的条纹

　　虎身上的条纹能帮助它隐藏在高草丛中，条纹也是虎的亚洲栖息地的典型地貌。鹿和水牛这类食草动物很难及时发现和分辨虎身上的黑色条纹。食草动物不能分辨颜色，大型猫科动物的体色即使与植物不同也没关系，只要身体轮廓和身上花纹足以迷惑猎物即可。

　　在高草的掩护下，虎正悄无声息地接近猎物，缓慢移动能避免打草惊蛇。

飞鸟可能会惊扰猎物，虎移动时会格外注意。

虎的条纹就像人类的指纹，每只虎的条纹都是独一无二的。研究人员借此来分辨他们研究的不同个体。

掌控森林

保卫领地对于虎和其他猫科动物来说十分重要。雌性要保护自己狩猎的区域免受侵扰，而雄性不但要保护领地，还要与对手竞争，使它们远离雌性。通常一只雄虎的领地会与其他好几只雄虎的领地重叠。在猎物充足的保护区内，每只虎占据10平方千米的领地，也就是说每3平方千米左右的森林里就有一只虎。

用爪子抓树皮，既能起到清洁的作用，还能让趾甲保持锋利。

做标记

　　虎为了标记自己的领地会在树上或石头上小便，还会将粪便留在明显的地方。它们经常在树皮上磨趾甲（虎的趾甲可以伸缩），并留下能让其他食肉动物识别的痕迹。

> 虎的活动范围有大有小，从10平方千米（在食物充足的区域）到200平方千米。

猛兽之间的战斗

　　成年雄虎不喜欢其他雄性闯入自己的领地。当一只雄虎遇到另一只不愿离开的雄虎时，冲突在所难免，它们会互相撕咬并用爪子攻击对方。这样的战斗一般不会致命，但会留下伤疤，成年虎的遭遇都刻在了它们的疤痕上。

抚养长大

母虎会独立抚养幼虎至其1岁半左右。母虎一胎通常能生2~3只幼虎，母虎的哺乳期长达4~5个月，之后幼虎就开始进食母虎猎捕回来的肉食。带着幼虎的母虎需要频繁猎食，才能填饱幼虎的肚子。只有更坚强、更有决心的母虎，才能成功将幼虎养育成年。

刚出生的那几个月

在生命的头几个月中，幼虎要一直待在母虎身边以免受到其他掠食者的伤害，母虎会定时给幼虎喂奶。对幼虎而言，最大的威胁来自成年猫科动物，独自在外徘徊的幼虎可能会被自己的父亲或是花豹杀死。

幼虎很小时，是通过扑蝴蝶
练习跳跃、追逐和伏击技巧的。

在玩耍中成长

　　猫科动物都喜欢玩耍，幼虎也不例外。在好奇心的
驱使下，它们不会错过任何追逐或捕获小动物的机会。
它们会在与同伴的嬉戏和打闹中，学到成年生活中不可
或缺的运动协调能力。

花豹

袭击大师

花豹和狮子生活在同一片非洲大草原上，花豹是比狮子小的大型猫科动物，独来独往，善于伏击猎物。花豹肌肉发达、动作敏捷，通常在晚上捕猎，它能悄无声息地靠近猎物，猛地扑倒猎物，然后一口将其咬死。

花豹（*Panthera pardus*）

体长：90~190厘米，尾长50~90厘米

体重：雌性17~42千克，雄性20~90千克

分布范围：非洲和南亚

濒危等级（IUCN）：易危

真是令人难以置信，一只成年花豹竟然能轻而易举将同等体重的羚羊拖到树上享用。

为了避免被非洲大草原上其他大型肉食动物抢夺猎物，花豹经常将猎物拖到树上挂起来。这样一来，不擅长爬树的狮子和斑鬣狗就无法觊觎花豹的食物了。

★记录！大型猫科动物中的最佳攀爬者——花豹，花豹可以叼着80千克的猎物爬树。

黑豹

"黑豹"泛指所有皮毛为深色或黑色的大型猫科动物，包括黑色花豹，南美洲和中美洲并不罕见的黑色美洲豹等，当地人曾误以为它们是其他物种，但实际上它们只是同一物种的毛色变种。

在生物学中，黑变现象被称为黑变病，这种病是由基因引起的，基因使皮肤和毛发内的黑色素增加，并呈现出深色或黑色。在同一窝幼兽中，可能出生正常毛色的幼兽，也会有通体黑色的幼兽。

在黑暗中猎捕

黑豹的下颚强而有力，犬齿长达4厘米，可以咬住猎物的喉咙，快速杀死猎物。黑豹绿色的大眼睛具备出色的夜视能力，能帮助其在黑暗中伏击比自身大两倍的猎物。黑豹不能发出狮子那样的吼叫声，它们会发出一种刮擦的声音，就像用锯子锯木头时的声音。

仔细观察黑豹，你会发现豹斑仍然存在，只是不那么明显。用红外线照射才会看到清晰的豹斑。

漆黑如夜

在森林中遇到黑豹的概率比在开阔地要大得多。黑豹的毛色便于其隐藏在森林中,夜间狩猎时茂密的植被可以遮掩其身影。在非洲,黑豹并不常见;而在亚洲,约10%的花豹体色偏暗或呈黑色。

藏身的艺术

花豹不仅身手敏捷，而且十分谨慎，它可以依靠隐秘的动作和身上的斑纹隐藏自己。不被猎物发现是其一击成功的关键，花豹通常在距离猎物10米之内发起攻击。

岩石和花豹

花豹对岩石情有独钟，经常在岩石区出没，攀上最高处俯瞰全景，让周围的一切尽收眼底。如果背景合适，花豹的斑纹几乎可以使其隐身。花豹不常在开阔的草原上出没，它们喜欢在树林、灌木丛和岩石周围移动，以免被发现。

花豹身上的斑纹很像太阳照在地面和植被上形成的斑驳光点。

森林里的影子

　　阳光照在植被上会留下明暗相间的斑驳光影，花豹身上的斑点有利于它们隐身在光影之中。花豹走路时的声音很小，每次下脚都会小心谨慎，以免被其他动物察觉。

花豹是大型猫科动物中数量最多、分布最广的一类。它们能适应不同的环境，从半沙漠地带到高山的山坡，甚至到城市的边缘都能看见它们的身影。

独来独往的捕猎者

花豹毫无疑问是独行侠，只有发情期才会寻找伴侣。交配完成后，雄豹和雌豹又各自踏上独行之路，它们既不合作捕猎，也不一起照顾幼豹。

花豹的长尾巴有助于在跳跃和爬树时保持平衡。

时刻保持警惕

花豹在森林中悄无声息地移动，同时也会注意各种声音，以免暴露自己。花豹拥有远超人类的听觉和嗅觉，夜视能力使其在夜间活动自如。花豹会在巡逻时标记自己的领地，最常用的当然是尿液。

花豹的捕猎计划是从树上猛扑到猎物身上，砸晕猎物，不让它有任何逃脱的可能。

从高处袭击

花豹以奇袭著称。这幅图展现了花豹潜伏在距离地面4米高的树枝上，静候食草动物到来，时机成熟时它就一跃而下捉住猎物。花豹常用这种方式袭击猎物，但更多情况下，它们会藏身在灌木丛中或岩石之间，然后发起攻击。

勇敢的母亲

同许多其他猫科动物一样，照顾幼豹的工作是由母豹承担的。尽管母豹一胎能生4~5只幼豹，但它只能将其中的2~3只成功抚养到1岁半，这是幼豹可以独立生活的年龄。母豹经常利用岩石和植被藏身，不仅是为了休息，还能在此处安心地哺育幼豹。

猫科动物的妊娠期大约为3个月，花豹也不例外。

同妈妈打闹

长到1岁的幼豹在同母豹和兄弟姐妹玩耍及锻炼的过程中，已经具备了一定的力量和敏捷性。这个年纪的幼豹很难被掠食者捉到，即使因为经验不足陷入险境，多数也会化险为夷。但是母豹仍然不敢懈怠，时刻保护着自己的孩子。

叼着幼豹搬家

如果母豹需要快速搬家，但幼豹太小、腿脚不灵活，跟不上怎么办？母豹会轻轻咬住幼豹的后颈，叼着它离开。在此过程中，幼豹呈放松状态，任由母豹叼着左右摇摆到达安全的藏身处。安顿好一只幼豹后，母豹立刻去接下一只，直到将所有幼豹带至新家。

美洲豹

沼泽地上的斗士

　　亚洲热带地区的虎、非洲的狮子和南美洲的美洲豹都是猫科动物中的顶级掠食者。由于美洲豹经常隐匿在热带雨林和大沼泽中，所以我们对其的了解程度远低于其他大型猫科动物。但是，近年来，随着对潘塔纳尔湿地（位于巴西南部的巨大湿地）的深入研究，人们加深了对美洲豹的认识。

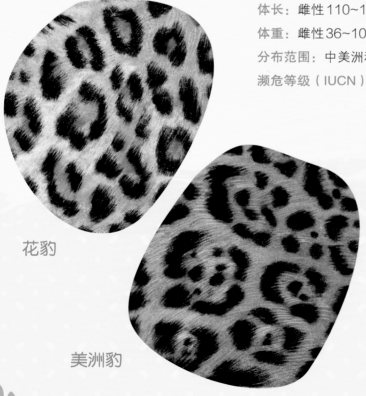

美洲豹

（*Panthera onca*）

体长：雌性110~160厘米，雄性110~200厘米，尾长50~90厘米

体重：雌性36~100千克，雄性40~160千克

分布范围：中美洲和南美洲

濒危等级（IUCN）：易危

花豹

美洲豹

如何分辨？

　　乍看之下，似乎很难区分美洲豹和花豹。但实际上，美洲豹的体形和头部更大，身上的斑纹也更宽，斑纹中间还有黑点。另一种区分方法是看分布范围，美洲豹仅分布在中美洲和南美洲，花豹则分布在非洲和亚洲。

美洲豹的头部可以视为其独特标志之一。与其他猫科动物相比，美洲豹的头又大又圆，下颌的肌肉高度发达，咬合力惊人。

黑色美洲豹

同花豹一样，美洲豹中也有几乎全黑的个体。黑色个体（即通体深色，请见黑豹相关章节）在美洲豹中出现的概率比在花豹中出现的概率高。人们在14种野生猫科动物中都发现了皮毛发黑的个体，薮猫和兔狲之类的小型猫科动物也不例外，却从未在狮子和虎中发现。

美洲豹来自森林，它们不喜欢空地，也不喜欢大草原。它们经常在河岸附近活动，因为那里有数量众多的猎物。

与普通斑点美洲豹相比，体色偏暗的美洲豹在密林中隐藏时更具优势。

在河中来去自如的猫科动物

美洲豹生活在到处都是水的潮湿地带，因此熟悉水性。它们不仅可以轻松地游过湖泊和河流，突然出现在猎物面前，还可以在需要的时候潜入水中捕捉水里的猎物。

美洲豹在河中泅渡的最长纪录是2千米。

健硕的身体

美洲豹并不是最大的猫科动物，它的体形仅次于狮子和虎，但它的体格却是最强健的。美洲豹的四肢较短但肌肉发达，其肩高与体形纤细的花豹相仿。它的爪子宽且圆，能更好地将体重分散到泥泞的地面上，同时也便于游泳时划水。

美洲豹也像人类一样能在水中睁开眼睛，这有助于它在水中准确地捕捉猎物。

潜水捕猎

美洲豹拥有一项行之有效的捕猎技术：在河岸最高处巡视目标，然后纵身一跃跳入水中捕捉猎物。有时候，美洲豹会用爪子将鱼或凯门鳄之类的猎物按在水下抓住，然后立刻拖上岸享用。

凯门鳄猎手

美洲豹是强大的捕食者，能够捕捉其周围的所有猎物。在巴西的潘塔纳尔湿地中，体形较大的美洲豹可以潜入水中捕捉凯门鳄，而这种鳄鱼本身就是凶猛、危险的捕食者。美洲豹的伏击在大多数情况下都会奏效，令爬行动物无法逃脱。美洲豹的咬合力非常大，它能直接咬碎猎物的头骨。

美洲豹慢慢接近凯门鳄，飞身跃起抓住猎物，然后迅速咬住其头部或喉咙后面，同时避开凯门鳄强有力的下颌。

★记录！美洲豹的咬合力是猫科动物中最强之一，与虎或狮子相近，但它的体重要轻很多。

美洲豹不会袭击体长超过2米的凯门鳄。

带领幼豹捕猎

美洲豹猎食的范围很广，特别是当母豹带着已经断奶的幼崽儿时，它需要寻觅到双倍的食物。除了鹿、貘和野猪这类食草动物之外，美洲豹还会捕捉蜜熊（浣熊的一种）、猴子、树懒、鱼、大型鸟类和不同种类的爬行动物。

美洲豹在自然环境中的寿命为15~16年，人工圈养的寿命可达22年。

最初的经验

美洲豹与其他猫科动物一样，刚出生时都睁不开眼睛，并且毫无防御能力。幼豹需要母乳喂养4~5个月，2个月大的美洲豹会在好奇心的驱使下四处跑动，就像图中的小家伙一样。雌性美洲豹约3岁性成熟，雄性则要到4岁，因为它们需要长到足够强大，拥有自己的领地之后才会繁衍后代。

图中这只幼豹只有4~5个月大。再过几个月，它便会开始第一次尝试捕猎——笨拙地捕捉小动物。

双份工作

母豹不只要为自己寻找食物，还需要为不到1岁半、无法独立捕猎的幼豹觅食。母豹会在空闲时陪幼豹玩耍，同时教它们如何捕猎。广阔的热带海滩是寻找食物的好地方，美洲豹会将海龟在沙滩上产的卵当成盘中餐。

美洲豹强大的咬合力足以咬碎海龟坚硬的外壳。

雪豹

喜马拉雅山上的潜行者

雪豹像幽灵一样在亚洲中部高山的山坡上出没。它的脚步悄无声息，皮毛的颜色能帮助它隐藏在巨石和灌木丛之间。许多当地居民一辈子也没机会亲眼见到它。这便是雪豹——最迷人、最神秘的大型猫科动物。

雪豹（*Panthera uncia*）

体长：80~125厘米，尾长70~100厘米

体重：20~55千克

分布范围：亚洲中部

濒危等级（IUCN）：易危

⭐ 记录！雪豹是生活在高海拔地区的猫科动物，在海拔5000米处的高山上曾出现过雪豹的足迹。

在雪地上也能快速移动

雪豹必须成为拥有特殊本领的捕猎者，才能在海拔3000米的高山上生存。雪豹的皮毛既厚实又蓬松，可以抵御寒冷，而它的身体较之其他猫科动物也更为健壮。雪豹的爪子强壮而宽大，有助于在雪地上轻松移动，在山坡上一跃就能跳出十几米远。

雪豹的头极具特点：耳朵呈圆形，吻部短，开阔的鼻腔连接着巨大的肺部，以便在空气稀薄的高海拔地区呼吸。

尾巴像围巾一样

雪豹毛茸茸的尾巴十分灵活，按照身体比例计算，雪豹的尾巴是猫科动物中最长的。为了捕捉山羊，雪豹会从一块岩石跳到另一块岩石上，尾巴可以起到平衡身体的作用。尾巴还能御寒，事实上，雪豹身体中的部分脂肪就堆积在尾巴上，以备不时之需。雪豹还把尾巴当作"围巾"，在休息时保护头部。

雪豹是独居动物，在广阔的山区领地内活动。其吼声不如其他大型猫科动物那般响亮。为了用气味信号与同类沟通，雪豹会在经常路过的岩石上留下尿液。

岩石山坡上的生活

　　我们会主观地认为高山上食物匮乏。虽然高山上的食草动物不像非洲草原那样成群结队，但也并不缺猎物。在雪豹生活的岩石山坡上，还生活着不同种类的有蹄类动物，例如岩羊、捻角山羊、野绵羊、亚洲北山羊、牦牛和野驴。

　　雪豹犹如雪鞋般宽大的爪子能起到"消音器"的作用。柔软的掌垫周围和趾间长着浓密的长毛，加之可伸缩的趾甲，使雪豹可以悄然无声地在岩石之间穿梭。

雪豹会在距离猎物数米远处突然出击，
令猎物猝不及防。

捻角山羊是典型的山地动物，也是
雪豹最常捕捉的猎物。

第4章

小型
猫科动物

　　小型猫科动物虽然体重只有几千克，但同样有猎食者的敏捷动作和像家族中其他成员一般的致命杀伤力。猎豹和美洲狮体形并不小，但通常也同其他30多种猫科动物一起被归入这一类。

豹猫

（*Prionailurus bengalensis*）

猎豹

不断奔跑的一生

　　猎豹的身体就像一辆跑车，每个部分都为达到最高速度而生。猎豹的奔跑速度最快可达100千米/小时，这一速度只有在状态最佳时才能达到，且只能维持几秒钟。一般情况下，猎豹捕猎时的奔跑速度要比最高时速低得多，约60千米/小时，奔跑距离为200~300米。

长尾巴频繁变化方向以保持身体平衡。

猎豹

(*Acinonyx jubatus*)

体长：100~150厘米，尾长60~80厘米

体重：雌性20~50千克，雄性30~65千克

分布范围：非洲和亚洲（极少数分布在伊朗）

濒危等级（IUCN）：易危

⭐ 记录！最快时速90~100千米/小时。

猎豹身体纤细，我们能轻易地将其同花豹区分开来，虽然两者身体上的斑纹很相似，但体形却相差不少。

与其他猫科动物相比，猎豹的腿更长也更强壮，能够在奔跑中快速转弯。

快速

猎豹奔跑时速度之快令人惊叹，但快速加速和在奔跑中改变方向的能力同样重要。猎豹也会在开始追逐前尽可能地接近猎物，但与其他猫科动物的不同之处在于猎豹总能很快地靠近目标。

选择猎物

猎豹快速的奔跑能力使它能够追逐其他猫科动物无法捕获的食草动物，例如黑斑羚、数种瞪羚以及鸵鸟，这些食草动物不仅动作敏捷且擅长快速逃跑。猎豹通常单独行动，但有时年轻的雄性也会合作追捕体形大的猎物。猎豹常在日间活动，这正是狮子和鬣狗不太活跃的时间段。

猎豹的脊柱很长且灵活，可以像弓一样弯曲和伸展，以保证最大幅度的跨步。

⭐ 记录！猎豹可以在3秒钟内从静止状态加速到90千米/小时，几乎可以媲美一级方程式赛车。

在高速奔跑后，猎豹至少需要休息20分钟才能完全恢复。

频繁变化方向的长尾巴确保身体在奔跑过程中可以保持平衡。

急转弯时，伸长爪子抓住猎物。

极致付出的代价

猎豹轻盈的身体结构使它在对抗其他猫科动物时，身体更容易受伤。因此，这种掠食者捕猎时会非常谨慎，避免捕捉危险的猎物或与其他食肉动物争抢猎物和战斗，以免受伤。

较小的头部

猎豹的头部较之其他猫科动物的要小，这样既可以减轻体重，还能在高速奔跑中紧盯猎物。猎豹的鼻腔宽大，可以快速吸入空气，在剧烈运动时为肺提供充足的氧气。

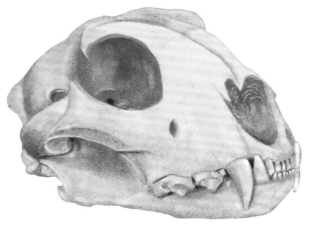

猎豹的犬齿比同等大小的猫科动物小。

猎豹眼睛下方的泪线能起到"太阳眼镜"的作用，可以减少阳光反射。

只有在寒冷地区才会长得高大

美洲狮的体形会因为环境不同而有所变化。生活在严酷环境中的美洲狮一般体形较大，它们需要长得更大才能忍受严寒，雄性美洲狮的体重可达80千克。而在热带地区生活的美洲狮体重只有生活在寒带地区的同类的一半，美洲狮在同美洲豹的竞争中成为真正的超级掠食者。

>> 美洲狮虽然体形大，却仍是攀爬高手。有时，它们会爬上高树检查领地或逃避威胁。

>> 生活在温带地区的美洲狮，其皮毛比生活在热带地区的同类更厚实，毛色也更灰一些。

美洲狮幼崽儿全身布满深色斑点，这也许是为了使其在灌木丛中躲藏时不那么显眼。

田径冠军

美洲狮虽然身体轻巧，但肌肉发达，而且具备远距离跳跃的能力，加速也极快。美洲狮擅长伏击，它是近距离攻击猎物的高手，它会潜行到距离猎物几十米的地方，然后发起突然袭击。

⭐ 记录！美洲狮最高能跳5.4米。

跳远

美洲狮的后腿比前腿更长、更柔韧，强壮的后腿能帮助它向前跳跃大概12米远，这样的表现足以与雪豹相媲美。说起来令人难以置信，美洲狮垂直跳跃的高度竟然能超过5米。这种跳跃能力在攻击并一举击晕大型食草动物时非常有用，一击即中的攻击使之不必陷入漫长而危险的追逐战中。

美洲狮是独居动物。近期的研究表明，美洲狮对同类比较宽容，它们可以与同类建立友好的邻里关系。

快速逃脱

虽然美洲狮的奔跑速度可以超过60千米/小时，但是它更喜欢快速袭击猎物，而不是追击。敏捷的动作有利于脱离险境。在美洲狮栖息的地方还有其他大型食肉动物与之竞争，例如偷走美洲狮食物的灰熊。

细腰猫

细腰猫是美洲狮的近亲，栖息在美洲的森林中，是外形独特的猫科动物：四肢较短、身体细长、尾长、头小。与其他小型猫科动物不同，细腰猫的毛色均匀，而且没有斑点，很容易辨识。

细腰猫在热带雨林的空地上来回巡逻。

两种毛色

即便是同一窝出生的细腰猫，也会出现两种不同的毛色——灰黑色和棕红色。毛色深的细腰猫常在灌木丛中出没，而毛色浅的个体则喜欢空旷、干燥的栖息地。细腰猫有时会被误认为是美洲狮，但其实二者的身体甚是不同。

细腰猫
（*Herpailurus yagouaroundi*）

体长：50~70厘米，尾长27~50厘米
体重：3~8千克
分布范围：中南美洲
濒危等级（IUCN）：无危

白天活跃

虽然人们常在旷野看到细腰猫，但实际上它们会尽量避免出现在没有植被的地方。细腰猫会在白天猎捕灌木丛中的啮齿动物、鸟、蛇和鬣蜥，昼出夜伏的习性能减少与同一栖息地的其他猫科动物正面竞争。细腰猫是游泳健将，也是爬树高手，不过它们更喜欢在地面捕食。

云豹

森林中的幽灵

2016 年以前，人们一直以为云豹属下只有一个亚种。但后来的 DNA 分析表明，居住在婆罗洲岛、苏门答腊两地的云豹与生活在大陆上的云豹并不完全相同。不过，这两个亚种的生活方式和外形却十分相似。

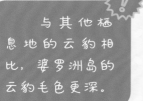

与其他栖息地的云豹相比，婆罗洲岛的云豹毛色更深。

与众不同的皮毛

"云豹"之名来源于它皮毛上优雅的不规则斑块，其形状能让人联想到飘在空中的云朵。云豹栖息在亚洲茂密的热带森林中，它会在地面和低矮的树枝间捕食。云豹的四肢短而强壮，尾巴非常长，在树枝之间移动时能起到平衡身体的作用。

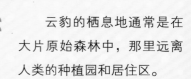

云豹的栖息地通常是在大片原始森林中，那里远离人类的种植园和居住区。

在树枝上也能如履平地

　　当虎一类的掠食者出现时，会迫使云豹爬到垂直生长的树上以躲避危险，伸缩自如的趾甲和四肢发达的肌肉使云豹可以轻易地完成这个动作。云豹通常在大树上休息，在地面上捕食各种猎物。

❮❮　　云豹的攀爬技巧与长尾虎猫相似（见第122~123页）。

云豹（*Neofelis nebulosa*）

马来云豹（*Neofelis diardi*）

体长：雌性90~94厘米，雄性80~108厘米，尾长60~90厘米

体重：雌性10~12千克，雄性17~25千克

分布范围：东南亚

濒危等级（IUCN）：易危

伏击和致命的犬齿

云豹在黄昏和夜间十分活跃，它在森林中安静地移动着，时刻准备突袭猎物。它的食谱中既包括所有中小型食草动物（鹿和野猪等），还包括啮齿动物、鸟类和猴子。

"现代"剑齿虎

云豹的下颌可以张开到90度，犬齿长达4厘米。其他同体形的猫科动物并不具备这些特征，其产生原因目前还不得而知，但能肯定的是这有助于云豹捕捉某些猎物。云豹与我们前面章节中提到的已经灭绝的剑齿虎没有亲缘关系。

★ 记录！云豹的犬齿长达4厘米，在同等大小的猫科动物中，其犬齿是最长的。

长鼻猴群居生活，即便是云豹也很难将其捕获。

云豹似乎经常从后面咬住猎物脖子，而非像其他猫科动物那样咬住猎物的喉管令其窒息。

背后袭击

云豹的两个亚种都将猴子视为主要捕猎对象，包括只在婆罗洲栖息的灵长类动物长鼻猴，这种猴子长着超大的鼻子。为了抓住长鼻猴，云豹会毫不犹豫地爬上高树，从长鼻猴背后发起攻击，一口咬在长鼻猴的后脑勺或脖子上。

短尾猫

所有短尾猫都长着短尾巴和强而有力的后肢，以便向前冲刺和跳跃。短尾猫比家猫大得多，大小介于家猫和豹属猫科动物之间。某些短尾猫（例如美国短尾猫）在栖息地取得了巨大的成功，并成为当地最重要的捕食者。

在雪地中前行

短尾猫栖息在北美洲的大型针叶林中，但当气候变得过于恶劣时，短尾猫就会将栖息地让给更能适应寒冷气候的加拿大猞猁。与生活在南方的短尾猫相比，栖息在北方的短尾猫皮毛更厚实、更蓬松，毛色也更浅，人们误以为北方的短尾猫更"胖"，但其实它们同南方的短尾猫一样敏捷且肌肉发达。

短尾猫的四肢都覆盖着长毛，以避免其陷入雪地中，也有利于抵御严寒。

全景图

　　短尾猫分布在整个北美洲地区，它们适应了各种不同的环境，从高山到沙漠皆能看到它们的踪影。短尾猫有时会爬上巨大的仙人掌以环顾四周或逃离危险，它的爪子可以踩在植物的茎上，肥厚的脚掌能保护它免受仙人掌刺的伤害。

▶▶

　　短尾猫的名字来源于生活在北美洲更南部的红褐色亚种。

短尾猫（*Lynx rufus*）

体长：50~105厘米，尾长10~20厘米

体重：4~18千克

分布范围：北美洲

濒危等级（IUCN）：低危

加拿大猞猁和伊比利亚猞猁

一些猞猁生活在特定的区域，并且特征独特。加拿大猞猁身披长毛，常年生活在寒冷的北方森林中；而伊比利亚猞猁则恰恰相反，它们适应温和的地中海型气候，不仅毛短，体形也比较小。

气候变化正迫使加拿大猞猁迁往更北方的区域。

捕捉野兔

野兔是包括加拿大猞猁在内的所有猞猁的主要食物。加拿大猞猁宽大的爪子有助于在新雪上快速行进，而不会陷入雪中。猞猁并不擅长追击，它们会悄悄地接近猎物，在几米远的地方发起突然袭击，一举捕获猎物。

加拿大猞猁
（*Lynx canadensis*）

体长：雄性76~108厘米，尾长5~12厘米

体重：雌性5~12千克，雄性6~18千克

分布范围：北美洲

濒危等级（IUCN）：无危

伊比利亚猞猁（*Lynx pardinus*）

体长：68~82厘米，尾长12~16厘米

体重：雌性8~10千克，雄性7~16千克

分布范围：西班牙

濒危等级（IUCN）：极危

大力恢复

　　20世纪末，伊比利亚猞猁因为偷猎者猎捕和西班牙地中海式森林的减少而几近灭绝，从数量上看，该物种已经成为世界上最濒临灭绝的猫科动物。一项针对伊比利亚猞猁和其栖息地的保护计划于2002年启动，并改变了局面：伊比利亚猞猁的数量从100多只增长到300多只，并呈现出不断增长的趋势。

到了夏天，加拿大猞猁的毛色会变为红棕色，看起来更像短尾猫。

母猞猁一胎可以生2~4只幼崽儿，幼崽儿1岁后就能独立生活。

欧亚猞猁

欧洲和亚洲最常见的猞猁就是欧亚猞猁。它们是在高山密林中栖息的典型动物，只有在最大的自然公园里才能找到它们。与其他猞猁的谨慎小心不同，欧亚猞猁敢于攻击大型猎物，例如狍子和幼鹿。

欧亚猞猁（*Lynx lynx*）

长度：75~130厘米，尾长12~24厘米
体重：雌性13~21千克，雄性12~30千克
分布范围：欧洲和亚洲
濒危等级（IUCN）：无危

玩耍的重要性

几个月大的小猞猁总在母猞猁周围几米的范围之内玩耍和探索。悄悄接近、跳起来扑向猎物，本能驱使它们做出这些动作。这一系列的动作要在母猞猁的指点和纠正下才能一步步达到完美。玩耍的重要性显而易见。

耳朵上的簇毛

狞猫的头别具一格：耳朵又长又尖，有利于其探测藏在植被中的小动物发出的声响。耳朵尖上的黑色簇毛所起的作用目前还不清楚，人们猜测簇毛和狞猫眼睛、鼻子构成的图案是为了方便同类识别和沟通。

非洲金猫

狞猫非常知名，而它的近亲非洲金猫的名气却不怎么大。非洲金猫只生活在非洲大陆最茂密的热带森林中，因此很难观察到它们。人们对非洲金猫的生活习性仍然知之甚少。

非洲金猫捕食猴子和疣猴这些生活在大森林里的物种。

非洲金猫（*Caracal aurata*）

体长：60~100厘米，尾长16~36厘米
体重：雌性5~9千克，雄性8~16千克
分布范围：非洲
濒危等级（IUCN）：易危

伏击猴子

非洲金猫攻击一群在地面上进食的猴子，这一幕被幸运地拍了下来。通常情况下，非洲金猫会躲藏在植被中，然后发起突然袭击，让猎物措手不及。除了猴子，非洲金猫还捕食小羚羊和大中型鸟类，当猎物在森林的灌木丛中寻找食物时，非洲金猫就会发起攻击。

无法进入的环境

非洲中部热带森林茂密的植被阻止了生物学家进入其中研究非洲金猫。因此，很多针对非洲金猫的研究都依靠安装在森林里的摄像头来完成，当动物经过时，摄像头能拍摄下它们的影像，一个摄像头的工作时长只能维持数周。通过这些影像资料，我们了解到非洲金猫有两种毛色：深灰色和红棕色。不同毛色的金猫生活在同一个区域，这与我们观察到的细腰猫的习性是相同的。

在非洲金猫的栖息地内，它是仅次于花豹的最大猫科动物。

深灰色是非洲金猫的典型毛色，有利于藏身在茂密的森林中。

薮猫

薮猫的特征是耳朵大、四肢修长、尾巴短且身上遍布黑斑，虽然它跟狞猫的外形差距很大，它们却是近亲。薮猫擅长捕捉高草中的啮齿动物，它们主要分布在非洲大草原及河流沿岸。

跳跃

薮猫会拱起后背高高跃起，快速伏击躲藏在高草丛中的猎物，令其猝不及防。薮猫的爪子比同等大小的猫科动物更长、更宽，有助于在草原中移动、捕猎。对薮猫种群深入研究后发现，其食物构成中75%是啮齿类动物，它们偶尔也会捕捉大型昆虫和鸟类。

薮猫
（*Leptailurus serval*）

体长：60~90厘米，
尾长20~38厘米

体重：雌性6~12千克，
雄性8~18千克

分布范围：非洲

濒危等级（IUCN）：无危

由前肢主导的完美攻击，起跳，落地，抓住猎物，一气呵成。

耳朵

　　要论耳朵和身体的比例之大，猫科动物中没有哪个比得过薮猫。耳朵是探测高草丛中猎物动向的有效工具：耳郭像雷达一样不断转动，以分辨声音的来源和位置。精准定位后，薮猫的耳朵就会朝向前方，眼睛紧盯着猎物，然后一跃而起捕获它。

✪ **记录！** 薮猫耳朵相对身体的比例是猫科动物中最大的。

　　薮猫在草原上漫步，时不时地停下来，用大耳朵倾听周围的动静。

▶▶

虎猫

虎猫是除美洲豹和美洲狮外南美洲最大的猫科动物。虎猫是典型的丛林猎手，独来独往、来去无声，它的分布范围也许比你想象的更广，但想要见到它却十分困难。如果没有密林的掩护和其中的猎物来源，虎猫就无法生存。

虎猫的近亲是后文会介绍到的南美虎猫，南美虎猫的体形更小，也更适应树上生活。

虎猫皮毛上的花纹富于变化，每只虎猫身上的条纹和斑点组合都各不相同。

虎猫（*Leopardus pardalis*）

体长：70~100厘米，尾长25~45厘米

体重：雌性6~11千克，雄性7~18千克

分布范围：中美洲和南美洲

濒危等级（IUCN）：无危

丛林猎手

　　虎猫栖息在中美洲和南美洲的热带雨林中，它最喜欢在浓密的灌木丛中自如穿梭。从图中可以看到，虎猫的前肢比后肢更大、更有力，这有助于捕捉体形大、动作慢的猎物。发达的犬齿能强有力地咬住猎物头部，将其杀死。虎猫是游泳健将，它可以干净利落地潜入水中。

丰富的食谱

　　除了啮齿类动物、树懒、幼年领西猯（野猪的远亲）、猴子、蝙蝠和鸟类，虎猫还会捕食热带雨林中很常见的一种爬行动物——绿鬣蜥。毫无疑问，虎猫是食性最广泛的猫科动物。这种动物会悄悄地潜入森林，时不时停住脚步，倾听并观察四周。虎猫喜欢在晚上和黄昏时出没，偶尔也会在白天出来活动。

长尾虎猫

这种小型猫科动物只栖息在热带雨林里，它是所有虎猫中最擅长攀爬的物种。长尾虎猫大部分时间待在树上，它几乎可以像猴子一样在树枝间敏捷地移动。长尾虎猫主要在夜间活动，以小型鸟类、青蛙和昆虫为食，也吃老鼠和小猴子。

大眼睛

长尾虎猫的大眼睛为它提供了良好的夜间视力。这一特征也将长尾虎猫和虎猫区分开来，虽然它们栖息在相同的地区，但虎猫的体形更大，更喜欢在地面活动，眼睛也更小、更亮。

超大的四肢

有时，长尾虎猫会身体朝下，抱着树枝移动。能完成这样的倒挂动作得益于强壮的四肢和爪子，以及能够紧紧抓住树枝的长趾甲。论四肢相对身体的比例，长尾虎猫在猫科动物中堪称之最。

肌肉发达的长尾巴有助于保持身体平衡。

特殊的脚踝

长尾虎猫的脚踝能够旋转180度，让它可以头朝下倒挂在树枝上，或是像杂技演员一样后肢挂在树枝上，前肢拨弄东西。只有云豹能做出类似的动作，但远不及长尾虎猫那般灵活。

长尾虎猫（*Leopardus wiedii*）

体长：46~80厘米，尾长30~50厘米

体重：2.5~5千克

分布范围：中美洲和南美洲

濒危等级（IUCN）：近危

⭐ 记录！长尾虎猫可谓是猫科动物中的攀缘之王，它可以身体朝下抱着树枝移动。

小斑虎猫和乔氏虎猫

乔氏虎猫曾被称作小斑虎猫或南美小斑虎猫，直到几年前它们还被认为是一个物种。然而，就像依据DNA划分不同亚种的云豹一样，小斑虎猫和南美小斑虎猫也被科学家划分为不同的物种，尽管从外观上看它们的区别并不大。北方的小斑虎猫主要生活在亚马孙地区，而南美小斑虎猫则栖息在南美洲更南边的大草原和季节性森林中。体积最大的乔氏虎猫生活在阿根廷及其周边凉爽的地区。

时刻保持警惕

乔氏虎猫在森林中行动时总是小心翼翼。它们是栖息地中最小的猫科动物，需要时刻提防随时可能出现的天敌。有些乔氏虎猫会被更大更强的虎猫、美洲豹或大蛇吃掉。

乔氏虎猫与长尾虎猫外观相近，但后者的体形更大、斑纹更明显、尾巴也更长。

小斑虎猫（*Leopardus tigrinus*）

南美小斑虎猫（*Leopardus guttulus*）

体长：40~60厘米，尾长20~40厘米

体重：1.5~3.5千克

分布范围：南美洲

濒危等级（IUCN）：易危

小小的头

小斑虎猫的体形类似于家猫，主要以鸟类、爬行动物和老鼠为食。它的头非常小巧，擅长抓捕体重不到1千克的猎物。

乔氏虎猫（*Leopardus geoffroyi*）

体长：雌性为43~74厘米，雄性44~88厘米，
尾长20~40厘米

体重：雌性2.5~5千克，雄性3~8千克

分布范围：南美洲

濒危等级（IUCN）：无危

"乔氏虎猫"是19世纪法国自然学家艾蒂安·若弗鲁瓦发现并命名的物种。

捕食

乔氏虎猫能在多种环境中生存，从遍布低矮灌木丛的干旱地区到广阔的草原都能看到其身影。乔氏虎猫具备极强的适应力，捕捉一些可以捕捉的猎物。它们主要以鼠类为食，也会趁机捕捉在地面上觅食的鸟类。

这只漂亮的鸫鸟过于大意，并未察觉到自己马上就要成为乔氏虎猫的盘中餐。

南美林虎猫、南美草原虎猫、安第斯山虎猫

南美洲的南部有很多小型猫科动物，它们互为近亲（都是虎猫属），生活在温带或山区气候中。这几种虎猫的体形都与家猫相似或略小，在某些情况下它们的生存会受到人类活动的威胁。

南美林虎猫形似乔氏虎猫，但前者更小、尾巴也更粗。

南美林虎猫
（*Leopardus guigna*）

体长：38~51厘米，尾长19~25厘米

体重：雌性1.3~2.1千克，雄性1.7~3千克

分布范围：南美洲

濒危等级（IUCN）：易危

美洲的矮个子

南美林虎猫是美洲猫科动物中个头最小的，只生活在智利中部和南部少数潮湿温暖的森林内，因此它们被视为"易危"物种。也有全部黑化的个体，同黑豹的情况相似。

扁头豹猫（*Prionailurus planiceps*）

体长：41~61厘米，尾长13~17厘米

体重：1.5~2.2千克

分布范围：亚洲

濒危等级（IUCN）：濒危

从扁头豹猫的名字就能知道它的头部呈扁平状。头部红棕色、白色的条纹与身上的灰色对比明显。

出色的游泳者

扁头豹猫跟渔猫一样趾间具蹼，便于游泳。扁头豹猫的趾甲虽然可以伸缩，却常常保持部分突出的状态，这样既有助于捕鱼，也方便在湿滑的地面上移动。扁头豹猫的体形并不大，它们主要以鱼类、螃蟹、青蛙和小型啮齿动物为食。它们在水源附近生活，数量稀少，仅在零星的地区分布，栖息地屈指可数。

豹猫和锈斑豹猫

豹猫是亚洲分布最广的猫科动物，从热带森林到高山草原，到处都能看到它们的身影。不同地区的豹猫外貌和体形差异很大。锈斑豹猫是豹猫的近亲，个头很小，只分布在印度半岛上。

栖息在亚洲热带地区的豹猫，其典型特征是身上的大斑点花纹。

豹猫品种繁多，本地化程度高，体形大小和皮毛花纹都随栖息地而变化。生存受到最大威胁的是仅生活在日本南部冲绳岛屿上的西表山猫。

跟随母豹猫

母豹猫每年可以生育2~3只幼崽儿。幼崽儿跟随母豹猫生活，它们十分好动，而且动作敏捷，几个月大时就能爬树。1岁多时，小豹猫成年并开始独立生活。在豹猫的栖息地里，它们是数量最多，也最容易观察到的猫科动物。

豹猫

(*Prionailurus bengalensis*)

体长：雌性38~65厘米，雄性43~75厘米，尾长17~31厘米

体重：雌性1~5千克，雄性1~7千克

分布范围：亚洲

濒危等级（IUCN）：无危，但有些亚种受到的威胁较多

锈斑豹猫

（*Prionailurus rubiginosus*）

体长：35~48厘米，尾长15~30厘米

体重：1~1.5千克

分布范围：亚洲

濒危等级（IUCN）：易危

锈斑豹猫可以被驯化为小型家猫。

小个子捕猎者

　　锈斑豹猫虽然体形不大，却是颇有名气的强大捕食者，它动作快速、勇敢坚毅。它会捕杀灌木丛中的啮齿动物、鸟类、青蛙、爬行动物和大型昆虫，进攻时一口咬住猎物的喉咙或脖子，使其窒息。虽然锈斑豹猫会在人类住所附近出没，但仍被认为是稀有且难以观察的动物。

　　⭐记录！世界上最小的猫科动物——锈斑豹猫，体重约为1千克。

野猫

野猫是强大的捕猎者，家猫是其后代。野猫分布在欧洲、亚洲和非洲，与狮子和花豹在同一区域生活。野猫不仅分布最广，也是适应力最强的猫科动物。

野猫和家猫非常相似，在很多地区人们很难彻底区分它们。

不只是老鼠

野猫的饮食结构非常多样化：它们捕食最多的当然是老鼠、田鼠和仓鼠，但在气候更寒冷的地方以及西欧，野兔和兔子便成为它们最重要的食物。它们还经常捕捉鸟类，甚至袭击小型山羊、羚羊和非洲羚羊。令人感到奇怪的是，野猫竟然能在遍布掠食者的非洲稀树草原生存下来，这与其身体的敏捷性和出色的感官是分不开的。

古埃及人对猫特别敬重。猫科动物的形象出现在许多雕塑和绘画作品中，有些猫科动物甚至被做成木乃伊，这可是法老和最有权势的人才享有的待遇。

★ 记录！野猫是分布最广的猫科动物。如果将它们的后代家猫也算进去，那么没有哪种猫科动物能在数量和分布上与之媲美。

野猫（*Felis silvestris*）

体长：雌性40~64厘米，雄性45~75厘米，尾长21~37厘米

体重：雌性2~6千克，雄性2~8千克

分布范围：亚洲

濒危等级（IUCN）：无危

从最早的城市到我们的家

科学家相信非洲野猫是现代家猫的祖先。这一切似乎发生在大约1万年前，非洲和亚洲之间的中东地区出现了最早的城市。大概野猫就是从这时候开始在人类聚集地附近游荡的，它们会去田地和谷仓里寻找老鼠。这些地区的居民们（包括古埃及人）认识到野猫能控制啮齿动物的数量，于是张开双臂接纳了它们。

兔狲和丛林猫

一些猫科动物适应了特殊的地形和环境，并在这样的栖息地里繁殖、寻找足够多的食物，以此来避免同其他猫科动物竞争。身披长毛的兔狲是生活在亚洲中部戈壁草原上的猫科动物，而身体细长的丛林猫则经常在亚洲的沼泽地带出没。

兔狲（*Otocolobus manul*）

体长：雌性46~53厘米，雄性54~57厘米，
尾长23~29厘米
体重：雌性2.5~5千克，雌性3.3~5.5千克
分布范围：亚洲
濒危等级（IUCN）：近危

在岩石间的隐身

兔狲是亚洲中部草原上的生存专家，它是豹猫的远亲。矮胖的身材、厚而蓬松的毛发和宽阔的头部让它易于辨认。兔狲并不擅长奔跑，捕猎时通常依靠伏击和保护色掩护。它拥有近似岩石的体色，即使趴在开放地或岩石上，只要一动不动，就不会轻易被发现。

小兔狲的毛发比父母的更加蓬松。通常雌性每胎生育3~4只幼崽儿。

丛林猫（*Felis chaus*）

体长：雌性56~85厘米，雄性65~94厘米；尾长20~30厘米

体重：雌性2.5~9千克，雄性5~12千克

分布范围：亚洲

濒危等级（IUCN）：无危

丛林猫最突出的特点是鼻吻部的白斑、大耳朵和相当短的尾巴，尾长约为体长的1/3。

并非真的来自丛林

　　丛林猫是野猫的近亲，是猫属所有动物中体形最大、最高、最苗条的。称为丛林猫其实不太准确，因为实际上这种猫并不喜欢在树木繁茂的环境中生活，它们反而喜欢栖息在被芦苇和植被包围的湿地中。它们能在水中自如游动，捕捉从小鹿到鱼类的各种猎物。

黑足猫、荒漠猫和沙丘猫

生活在非洲和亚洲沙漠中的猫进化出了能适应干旱气候的本领。它们体形小，喜欢在夜间活动，不可小觑的是它们都是优秀的捕猎者。荒漠猫栖息在亚洲中部干旱的高原上，一些科学家的研究显示，荒漠猫是野猫的亚种。

黑足猫就如同其名字一样，爪子下面有清晰可见的黑毛，后腿上的黑毛尤为明显。

沙丘猫（*Felis margarita*）

体长：雌性39~52厘米，雄性42~57厘米，尾长23~30厘米

体重：1.4~3.5千克

分布范围：非洲和亚洲

濒危等级（IUCN）：无危

沙丘猫拥有出色的挖洞能力，它们甚至能捕捉毒蛇。

沙漠里的生存专家

沙丘猫虽然体形小，却是北非和中东沙漠中的生存专家；而体形较大的黑足猫仅在非洲南部出没，它们栖息在广阔的干旱大草原上。

黑足猫（*Felis nigripes*）

体长：雌性35~41厘米，雄性36~52厘米，
尾长12~20厘米
体重：雌性1~1.6千克，雄性1.5~2.5千克
分布范围：非洲
濒危等级（IUCN）：易危

神秘的猫

　　体形与家猫相似的荒漠猫毫无疑问
十分稀少，仅分布在中国中部地区的高原
上。作为世界上鲜为人知的猫科动物之
一，我们对它们知之甚少，只知道它们的
主要食物是田鼠、鼢鼠和仓鼠。

❝　　区分荒漠猫和野猫并非易事，它们具
有亲缘关系，不过野猫的皮毛比荒漠猫更
富于变化。

荒漠猫（*Felis bieti*）

体长：68~84厘米，尾长30~35厘米
体重：6.5~9千克
分布范围：亚洲
濒危等级（IUCN）：易危

著者简介

［意］弗朗切斯科·托马西内利

　　1971年出生于意大利热那亚，从小便对不寻常的动物着迷：3岁开始喜欢恐龙，至今仍热爱不已。从海洋环境科学专业毕业后，在意大利和美国的大型水族馆工作，之后投身于出版、科普和为企业提供生态咨询的工作。作为一名摄影记者，他与意大利及美国的科学、旅游出版社和杂志社合作紧密。著作有《居住在城市》《城市中的野生动物群》《爬行动物、两栖动物、昆虫和蜘蛛的生存策略》等。同时也为其他出版社供稿、供图。担任意大利 Rai 3 电视台的定期嘉宾，并策划多个在意大利博物馆举办的科学展览，包括"天敌的缩影"、"植物战士"、"外星人和科睿普托斯密码"、"自然界的模仿和欺骗"等。

绘者简介

［越］源希希

　　专注于大自然的越南艺术家、插画家和设计师。她为世界多个儿童读物绘制插画，并在许多重要杂志和出版物上发表具有启发性、画工精美的作品，从而跻身东南亚最佳自然绘画设计者之列，曾参与许多自然插画展览，并获得多个奖项。

审校者简介

　　罗静，中国科学院研究生院生物学博士。主要研究野生动物及其疫病。

版权登记号：01-2023-3364

图书在版编目（**CIP**）数据

猫科动物／（意）弗朗切斯科·托马西内利著；（越）源希希绘；申倩译. —— 北京：现代出版社，2023.7
（自然秘境大图鉴）
ISBN 978-7-5231-0128-5

Ⅰ. ①猫⋯　Ⅱ. ①弗⋯ ②源⋯ ③申⋯　Ⅲ. ①猫科—儿童读物　Ⅳ. ①Q959.838-49

中国国家版本馆CIP数据核字（2023）第033545号

Original title: Leoni, Tigri e altri Felini
Text: FRANCESCO TOMASINELLI
Illustrator: SHISHI NGUYEN
© Copyright 2020 Snake SA, Switzerland—World Rights
Published by Snake SA, Switzerland with the brand NuiNui
© Copyright of this edition: Modern Press Co., Ltd.
本书中文简体版专有出版权经由中华版权代理有限公司授予现代出版社有限公司

自然秘境大图鉴：猫科动物

作　　者	［意］弗朗切斯科·托马西内利	电　话	010-64267325　64245264（传真）	
绘　　者	［越］源希希	网　址	www.1980xd.com	
译　　者	申倩	印　刷	北京飞帆印刷有限公司	
责任编辑	李　昂　滕　明	开　本	787mm×1092mm　1/8	
美术编辑	袁　涛	字　数	158千字	
封面设计	刘　璐	印　张	18	
出版发行	现代出版社	版　次	2023年7月第1版　2023年7月第1次印刷	
通信地址	北京市安定门外安华里504号	书　号	ISBN 978-7-5231-0128-5	
邮政编码	100011	定　价	108.00元	